AF392805

ESSAI

SUR LES DIFFÉRENTES MÉTHODES, TANT ANCIENNES QUE NOUVELLES,

DE CONSTRUIRE LES

MURS DE REVÊTEMENT,

PARTICULIÈREMENT

CEUX AVEC ARCEAUX OU VOUTES EN DÉCHARGE, ET LES CASEMATES DÉFENSIVES A L'ÉPREUVE DE LA BOMBE.

SUIVI DE CONSIDÉRATIONS

SUR LES EXPÉRIENCES FAITES EN 1834 PAR L'ARTILLERIE SAXONNE SUR LES BATTERIES BLINDÉES.

PAR J. G. W. MERKES,

Capitaine du Génie au service de S. M. le roi des Pays-Bas.

traduit du hollandais et annoté

PAR H. C. GAUBERT,

CAPITAINE DU GÉNIE, ANCIEN ÉLÈVE DE L'ÉCOLE POLYTECHNIQUE.

AVEC APPROBATION DU MINISTRE DE LA GUERRE.

PARIS,

J. CORRÉARD, ÉDITEUR D'OUVRAGES MILITAIRES,

RUE DE TOURNON, 20.

1841

EXPLICATION DES PLANCHES

CONTENUES DANS CET ATLAS.

PLANCHE I.

Cette planche est relative à tout ce qui est contenu dans l'ouvrage de M. Merkes sur les revêtements pleins et en décharge, les casemates défensives et les batteries voûtées, proposés par cet ingénieur.

PLANCHE II.

Cette planche se rapporte aux considérations sur les expériences faites par l'artillerie saxonne, sur les batteries blindées et aux batteries modifiées par M. Merkes.

PLANCHE III.

Cette planche se rapporte entièrement aux annotations de M. Gaubert, relatives au calcul des revêtements en décharge, à la détermination géométrique des revêtements pleins, à la transformation des profils, aux revêtements en bois des faces des bastions sur les fronts d'attaque, et aux batteries blindées.

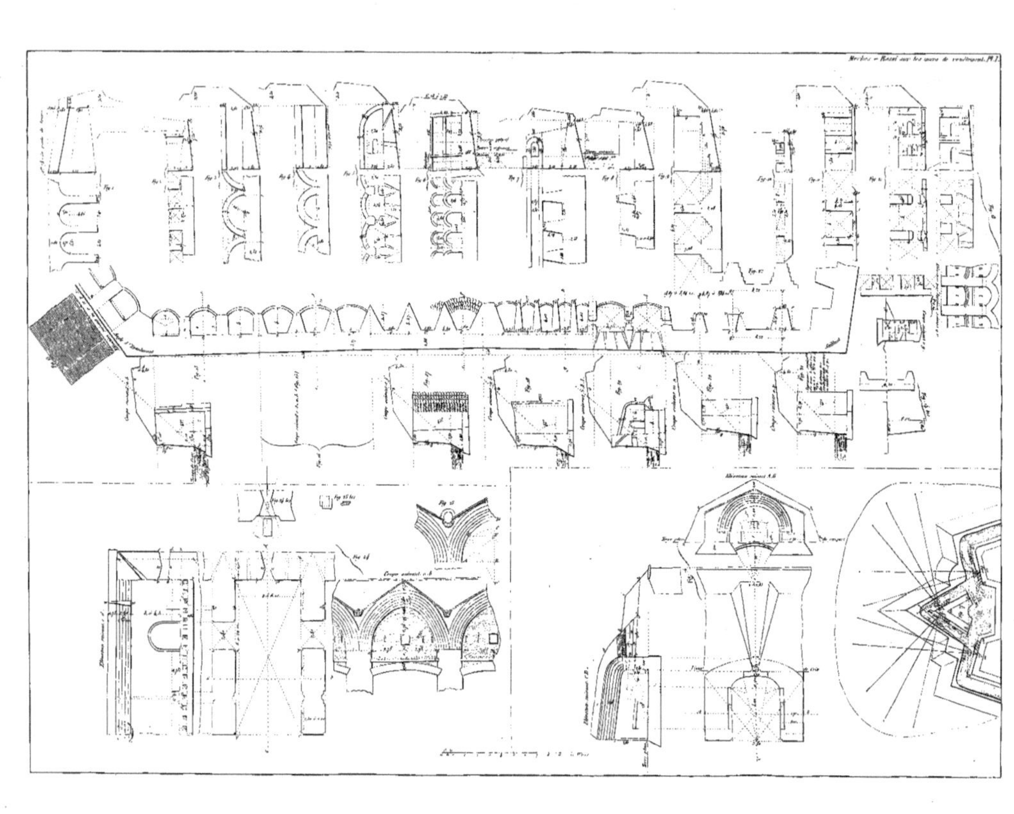

Morlot — Essai sur les murs de soutènement. Pl. 7.

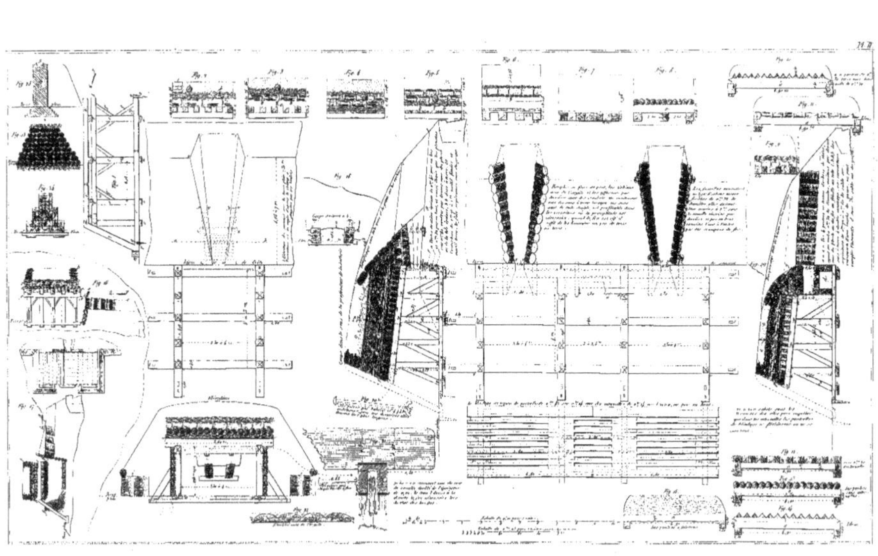

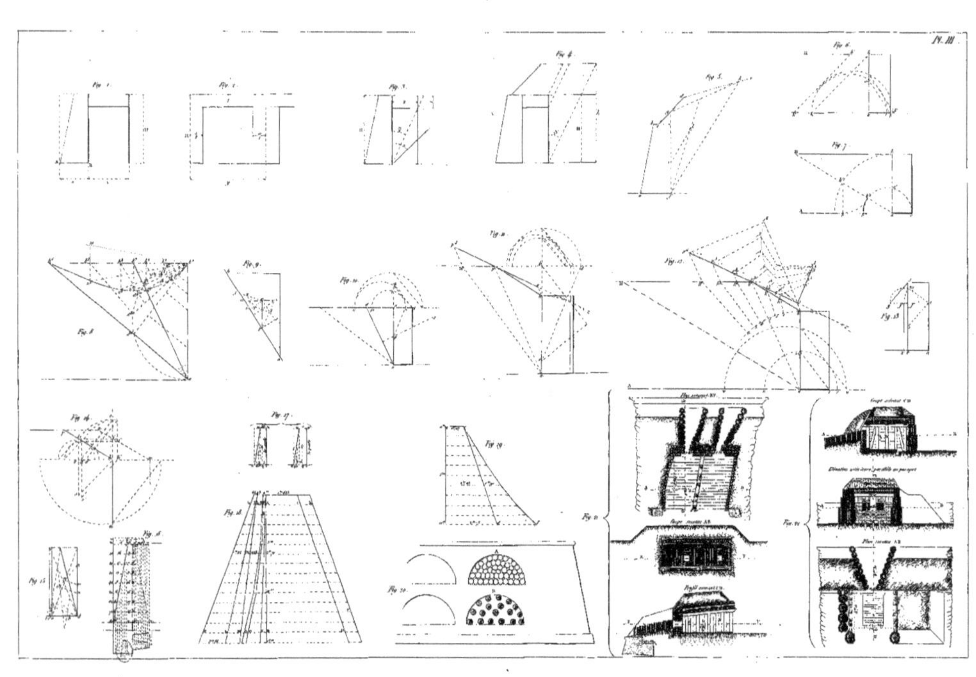